カタネベーカリー・カタネベーカリー・カタネベーカリー
JN168226

カタネベーカリー

はじめに

私たちのお店「カタネベーカリー」は代々木上原と幡ヶ谷の間の住宅街にある小さなパン屋です。2002年の11月から、毎日コツコツまじめにおいしいパンを作っています。

売り場は３人でいっぱいになってしまうほどのお店ですが、フランスのパンを中心に毎日80種類ほど作っています。どのパンにもそれぞれ個性があって、プライスカードのひとことではなかなか紹介しきれません。曜日や季節限定のパン、焼き菓子などを含めるとなおさらです。

そんなある日、カタネベーカリーの本を作ろうということになり、パンのカタログみたいな内容だったら便利で楽しいかもしれないなと思って、この本ができました。

カタネベーカリーのあんな話やこんな話もちりばめてあります。「へーっ」とか「ふぅーん」とか言いながら読んでいただき、この本を片手にパンを買いにきてくださったら、とてもうれしいです。

カタネトモコ

contents

カタネベーカリー
7:00-18:30
カタネカフェ
7:30-18:00
月・1・3・5日曜定休日

早起きベーカリーの元気が出る甘いパン

午前２時。目覚ましの音で僕の一日が始まります。子どものころから朝の空気が好きでそれもパン屋になった理由のひとつだから平気だし、あそこは早くからやっているからと近所の人が買いにきてくれるのがいいなと思います。

生地の仕込みと並行して前日に仕込んでおいたパンを順に焼いていき、7時前には30種類以上のパンが並びます。この時間のメインはデニッシュやブリオッシュ生地の甘いパン。お客さまに焼きたてを食べてもらえて、一日を元気にスタートしてもらえたら、うれしいです。（ダイスケ）

ぐるぐるうず巻きパン

実物よりも
ちょっと大きいです

バニラ

エスカルゴ形のぐるぐるから甘く香り立つバニラはマダガスカル産。バターと卵たっぷりのふんわり柔らかなブリオッシュ生地とよくあいます。

デニッシュ シナモンロール

近所のノルウェースタイルのカフェからのオーダーがきっかけで作り始めたシナモンロール。カルダモンを少し入れるのが北欧式。

カフェ

パウダー状に挽いたコーヒー豆ときび砂糖を、牛乳たっぷりの生地でぐるぐる。カフェオレとパンがいっしょになった、まさに朝食向きのパン。

シナモンロール

チーズクリームも下のブリオッシュ生地もぐるぐる。チーズにはレモン、生地にはしょうがのコンフィ（105ページ）を入れてさわやかに。

クルミのデニッシュ

毎日ローストして使うクルミと毎日炊くカスタードクリームをたっぷり巻きこんだデニッシュです。カリッとジューシー、そしてしっとり。

まるいパン

ブリオッシュシュクレ

シュクレはフランス語で「砂糖の」という意味。グラニュー糖とパールシュガー、2つの砂糖をかけて焼いた甘くてやわらかなパンは、子どもに人気。

スパンダワー

生地だけ、焼いてこっくりしたカスタードだけ、その両方をいっしょに。3パターンの味が楽しめるデニッシュの定番。アーモンドがアクセント。

近所のお客さまが
このパンを見て
「ひよこみたい！」と
言った日から
この名前に

ひよこ

ブリオッシュ生地をまるく成形、まるいくぼみを5つつけ、自家製のカスタードを絞って焼きました。かわいいパン番付があるならかなり上位です。

あんぱん（上）
十勝あんぱん（下）

オープン当時から作っている「あんぱん」はやわらかい生地とおへその桜の上品な塩気がチャームポイント。新顔の「十勝あんぱん」は北海道十勝産小麦のもっちりした生地。ぎっしり包んだつぶしあんがはみだしがちですが、そこがきんつばみたいで好きという方も。どちらも十勝産の小豆を使用。豆の風味を味わいたいから、砂糖は控えめに炊いています。

きんつば風

メロンパン

直径約7㎝と小ぶりで上の“皮”も薄い。メロンパンのイメージとは違うかもしれませんが、ていねいに仕込んだ生地と黒糖入りの皮のやさしいコンビもおすすめです。

イチゴのジャムパン

飾らないパンが多いカタネベーカリーのなかでも、素朴なたたずまいの菓子パン。生地のほんのりとした甘さと自家製のイチゴジャムの酸味がいいバランス。

チョコレートのパン

チョコナッツ

生地のあいだにチョコ、飴がけしたヘーゼルナッツ、アーモンドクリーム。そして焼き上がりにチョココーティング。寒い時期限定のデニッシュ。

切り落としは
チョコたっぷりで
スタッフに大人気

バトンショコラ

棒（バトン）状のクロワッサン生地の中に、チョコレートとアーモンドクリームがたっぷり。食べごたえがあります。

ショソンショコラ

ショソンはスリッパのこと。中にオレンジピール入りチョコクリームと赤ワインに漬けたプルーンを詰めました。生地はデニッシュ。

ピコ

ビターな棒チョコをブリオッシュ生地で包みました。キュートな外見を裏切る大人っぽい味。縁飾りのピコット（ピコ）レースが名前の由来です。

チョコフランス

ミニサイズのフランスパンのセンターに棒チョコが一直線にどーん。香ばしいフランスパンと濃厚なチョコのマッチングを楽しんでください。

パンオレショコラ

オーガニックのチョコレートチップをちりばめたミルク風味のパン。どこをほおばっても入っているチョコは甘すぎず、カカオの風味豊か。

ナッツ＆ドーナツ

キャラメルナッツ

主役のマカダミアナッツ＆キャラメルの下にクリームが２種類、くだいたプラリーヌ（105ページ）とアーモンドも。土台のデニッシュ生地もねじって巻いて食感をアップ。

キャラメル ピーカンナッツ

ブリオッシュ生地の上にアーモンドクリームを絞って焼き、ラムシロップを打ちます。ピーカンナッツ＆キャラメルクリームをトッピング。

ノアゼット

ノアゼットはヘーゼルナッツのこと。飴がけしてくだいて生地に巻き込み、クリームにしてトッピング。ヘーゼル好きにはたまらないパン。見た目より味でファンを獲得。

パンオレザン

フランスのぶどうパン。平たくしたブリオッシュ生地にカスタードクリームとレーズンを載せてロールケーキのように巻き、カットして焼きます。

ブリオッシュミュスカ

マスカット（ミュスカ）の繊細な風味を生かすため、白ワインに漬けて戻します。ブリオッシュのやさしさともぴったり。フルーティーなパン。

ミュスカ

ベースはオーガニック小麦を使った素朴なカンパーニュ。小麦の味を引き立たせたいので、レーズンはシンプルにお湯で戻して混ぜています。

いろんな形

パティシエール

菓子職人（パティシエール）のクリームと言われるカスタードのデニッシュ。アーモンドを使ったクリーム２種類も薄く重ね、奥行きのある甘さに。

裏返すとヤシの葉

グローブ

クリームパン

新鮮な卵を使って毎日炊くカスタードクリームをシンプルに食べるパン。やわらかいクリームは包みにくく、空気抜きの切れ目から時々はみ出しますが、味わい優先。

編みパン

フランス・アルザスのホテルの朝食で出会った大きなパンを再現。切り分けて食べます。棒状にしたブリオッシュ生地にアーモンドクリームを塗ってひとつ編みに。ナイフを入れると魅力的な断面に出会えます。

カネル

ブリオッシュ生地にシナモン（カネル）シュガーをふって焼き、熱々のところに生クリームをじゅわっとかけます。オーガニックのシナモンは初めて出会うスパイスのような香り。通常は 1/4 にカットして販売。

いろんな形

アンズのデニッシュ

近所の八百屋さんから季節の果物が届くと作る期間限定のデニッシュは、初夏から秋、アンズ、イチジク、プルーンと続きます。

クロッカン

有塩発酵バターを折り込んだ生地をダイスにカット。クルミと混ぜ、平たくつぶして焼いた、お菓子に近いパン。フランス語で「かりかり」の意味。

パンオレ

水を使わず、牛乳のみで仕込んだパン。焼きたてはミルクの香りが漂います。小ぶりでほっくりした食感、やさしい甘さは食欲のない日にもうれしい。

ミルクスティック

フランスのコッペパン・ヴィエノワは、もっちりした食感。練乳と発酵バターをホイップしたクリームとパンの相性のよさが、ロングセラーの理由です。

オランジュ

はっさく、甘夏、晩柑……。日本の旬の柑橘を使ったデニッシュ。素材の甘さにあわせ砂糖を調整、少しすっぱく感じるぐらいにしています。棹状に長く焼いてカット。

クリームチーズのデニッシュ

さくっと焼けた生地にクリームチーズを詰めます。表面にかけたきび砂糖は溶けてキャラメルっぽい味になり、チーズの酸味や塩気にあいます。

カタネベーカリーが
できるまで

カタネベーカリーをオープンしたのは2002年の11月。早いものでもうすぐ13年になります。夫はドンクで働き始めたときから、「パン職人になるなら、自分の店を持ちたい！」という強い気持ちがありました。私はといえば、実は「どっちでもいいや」と思っていました。子育てをしながら、家でもの作りの仕事をしたり、家族のためにおいしいご飯を作ったり、そんな生活も楽しいなと感じていたのです。もちろん、独立するなら一緒にやっていこうとは思っていましたが……。

よく、子どものころからの夢だったんですか？　と聞かれますが、「パン屋さんになりたい！」とか「カフェをやりたい！」と考えていたわけではないんです。でも、料理やもの作りは、もともと私のごく身近なところにあったので、仕事には自然な流れで入れましたし、いまではお店を開いて本当によかったなぁと感じています。

お店を開くなら、フランスの街角にあるパン屋さんをイメージしていたので、駅前ではなく住宅地でやっていきたいと思っていました。地域の人に「私のパン屋」と感じてもらえるようなお店にしたかったからです。買い物のついでにパンの話はもちろん、地域のことや何てことない話ができる、そんなパン屋が家の近所にあったらステキだと思いませんか？

それから、子どもたちとの時間も大切にしつつ仕事をしていくには、お店と家が一緒になっていることが条件でしたので、貸し店舗ではなく土地探しから始めました。そのころから代々木上原に住んでいて、街の雰囲気がとても気に入っていたため、家の近くを子どもと散歩しながら探しました。思いのほか早く、ここだ！　という土地が見つかり、熱意だけで借金をして購入しました。周りの人たちからはそんな場所で大丈夫なのか？　と心配されましたが、私たちからすれば、理想的な土地だったのです。

家や店舗の建設設計は建築家の方にお願いしましたが、内装や商品棚は自分で絵を描いて作ってもらいました。

家が建つまでの準備期間は、とにかく自分でできることは何でもやりました。商品を載せる籠を編んだり、パンの袋のデザインをして、作ってくれる包材屋さんを探したり。私は服飾の学校出身なので、コックコートやエプロンも製図、生地の購入、サンプル縫いまでは自分で。それから工場を探して、縫製をお願いしました。私にとっては、市販のもので気に入ったものを見つけるより、作ったほうが早くてお金も掛からないんです。だからといって、いかにも手作りです！　というようなものでは納得できないので、いろんなことを真剣にやって、徹夜をすることになってしまいましたが……。

「えっ！ 作ったの？」と驚かれるようなもの作りをしようね、と子どもたちにも話しています。手作り＝ステキ。ではないと思うのです。まさかこれを手作りで？　というものをさらっと作るのがステキかなと思っています。

ホームページも図書館の本で勉強して作りました。いまはいろんなソフトがありますが、当時はあまりよいものがなかったのです。大変でしたがこういう勉強も後々、役に立つことがあるような気がします。

家が完成してからはペンキを塗ったり、看板を作ったり。肝心のパン作りは夫に任せきりでしたが、「もっとこういう方がおいしいと思う」「フランスで食べたあんなパンが食べたい」などと勝手なことを言ったり、「こういうフィリング（具材）を使いたい」と言われれば、いろいろなレシピを見て試作したり……。やることは山積みでしたが、開店に向けて着々と楽しく準備を進めていました。

まさか、あんなに大変な日々になるとは思っていなかったころの話です。

（トモコ）

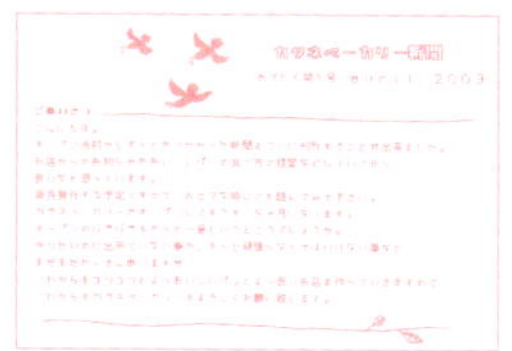

2003年から発行していた『カタネベーカリー新聞』。この本のカバー裏に少し抜粋しました。

ドーナツ

太いリングにグラニュー糖がたっぷり。ホームメイド感漂うドーナツですが、ふんわりしてつーっと引きがある生地はパン屋ならでは。

ベニエ

ベニエは揚げた生地のこと。揚げたブリオッシュ生地はほくっ。なかに詰めた甘酸っぱいフランボワーズジャムとシナモンシュガーがあいます。

自家製つぶつぶ
フランボワーズジャム

ぶどうのパン

ラムレーズンと
チーズがあいます

ぶどうパン

使用頻度の高いレーズンはパンにあわせて下準備を変えています。ほんのり甘い生地には、ラム酒に漬けた黒と金（サルタナ）の２種類を。

フロマージュレザン

ぶどうパンと同じ生地ですが、こちらは皮のように薄く、食感も違います。手に重く感じるほど入ったフロマージュクリームは、でもとても軽やか。

毎日食べて飽きないパン

ここで紹介する食パンやフランスパン、パンオルヴァンなどのいわゆる食事パンや、生地を食べるクロワッサン、そしてブリオッシュは基本のパン、大切にしたいパンです。地味だけれど、暮らしに溶け込んでごはんのように日々の糧になる、毎日食べても飽きない味や食感。そんなことをイメージして作っています。

食事パンや生地を食べるパンは作っていて楽しいパンでもあるんです。材料がシンプルだからこそ腕の見せどころだし、シンプルなのに、20年やっているのに、まだ毎日発見があって作っているほうも飽きません。（ダイスケ）

4つの食パン

パンアングレ

店で一、二を争う人気パン。粉の自然な甘味があって、ぱさぱさでもぎゅうぎゅうでももっちりしすぎてもいない、ちょうどいい食感をイメージして作っています。蓋をしないで焼くので生地が伸びやか。シンプルなトーストもサンドイッチも両方いけます。

パンドレ

ミルクの香りがする角食。水の代わりに牛乳、生クリームを使用。練乳も加え、型に蓋をして焼いた生地はきめが細かくしっとり。バター、卵も入って、4つの食パンの中ではもっともリッチ。最近粉と牛乳の甘味を引き出す工夫をして、砂糖とバターを減らしました。

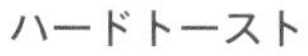

ハードトースト

材料は粉と水と塩、そしてパン酵母。パンドレの対極にあるシンプルな食パンです。麦粒のまん中の白い部分だけを製粉した粉を使い、水分を多く含んだ生地は透明感があります。トーストすると外はかりっ、中はもちっ。お餅のような香りがします。

全粒粉の食パン

全粒粉と白い小麦粉が半々。全粒粉は北海道の有機栽培農家から麦粒のまま送ってもらい、そのつど石臼で挽いて使用。いい香りと評判です。全粒粉はぱさつきがちなイメージですが、粉をお湯でこねて食べやすく仕上げています。

フランスパン

バゲット

朝はバターやジャムを塗って、昼はサンドイッチにして、夜は料理に添えて。フランスパンは“暮らしに溶け込んでいるパン”の代表のような存在です。香ばしくて、皮がぱりっとしていて、ほんのり塩気があって、小麦の甘さも感じられて、もちっとかみごたえがあって、どんな料理にもあうように。そんなことを立体的にイメージして作っています。棒や杖を意味するバゲットは、フランスパンの定番の形。

皮はクラスト（crust）

切り込みはクープ（coupe）。火の通りをよくするために入れる

なかの白いところはクラム（crumb）

バタール

バゲットと同じ生地で太め。クラム多めが好きな方に。

長時間発酵のフランスパン

北海道産の２種類の小麦粉をブレンド。粉と水をあわせて一晩寝かせ、ごく少量のパン酵母を使ってゆっくり発酵させて３日目の朝５時半に焼き上げます。シンプルで素朴な味にはファンが多く、僕もそのひとりです。

パヴェ

石畳の意味。長時間発酵のフランスパンの生地を四角くカットして焼いています。

2つのフランスパン

22歳でドンクに就職し、6年で独立したとき「“フランスパン10年”って言うけど大丈夫？」と周囲から言われました。一人前になるたとえに使われるぐらい、フランスパンはパン職人の要なんです。いまは粉や材料を選ぶことができますが、当時は多くのパン屋が同じ粉を使っていました。なのに作り手次第で焼き上がりの味が全然違う。「何が違うんだろう」というのを勉強するのが修業でした。同じ材料をもとに、いろんな細かい技術でおいしくするというのをみんなが一生懸命やっていた時代。そこに居合わせたことは僕にとってはよかったと思います。

たとえば先輩が昨日「粉と水を3分間ミキシングしろ」と言ったから今日も同じようにすると「4分だろう」ってダメ出しがでる。気まぐれで言う先輩もいますけれど、でもやってみるとパンはそういうものなんです。日々ブレがある。ファジーなものを一生懸命やるのがパン職人だというのが身につきました。フランスパンの匂いを嗅ぐ時は、クラスト（皮）を指で挟んでそっとつぶすようにするのも修業中に覚えたことです。

フランスパンのおいしい味はこういうものと教えられてずっとそれに向かってやっていたから、その呪縛がなかなかとけませんでした。自分なりのおいしさをイメージし始めたのは店を開いてからです。

フランスパンは小麦粉・塩・水・パン酵母だけで作りますが、いま僕は粉や製法の違う2タイプを作っています。焼き色は濃すぎず薄すぎず。味は軽めだけれど、粉の自然な甘味があって日々食べるのにちょうどいい。どちらもそんなパンをイメージしているのは同じです。でも味も香りもちょっと違うんです。毎日のパンだからこそ少し変化があるのも楽しいかな、と。

ひとつはパン酵母をごく少量にしてじっくり発酵させて作る「長時間発酵のフランスパン」、もうひとつが発芽した小麦を少し加え、粉の酵素の働きをよくして作る「バゲット」です。「長時間発酵」は安定して仕上がり、バゲットと比べるともちっとして素朴です。形がフランスパンぽくないのは、早朝に焼くので少しでも時間を節約したくて成形せずに試してみたら、その方がおいしかったから。そういう偶然から生まれるものってけっこうあるんです。

発芽小麦を使うバゲットは最近始めたレシピですが、昔あった方法じゃないのかなと思うんです。品種改良が進んでいない時代、発芽してしまった小麦を仕方なく混ぜて焼いてみたら「なんかうまいぞ」と誰かが気づいてやってたんじゃないか。そんな風に想像をふくらませて作っています。まだよくわからない点もあって安定感では「長時間発酵」に負けるけれど、すごくよく上がった時のバゲットはとてもおいしい。どちらも作っていきたいし、味わっていただければと思います。

フランスパンは同じ生地を棒（バゲット）やキノコ（シャンピニオン）、まる（プール）と形を変えることで食感の違うパンになります。でも結局細長いのがいちばんおいしい。クラストとクラム（パンの中身）のバランスもいいように思います。だから、うちは形のバリエーションは少ないです。毎日できたてを食べてほしいのでバゲットは１日4回焼き、半分サイズから販売しています。（ダイスケ）

ルヴァンで作るパン

パンオルヴァン

カタネベーカリーの自家製発酵種（ルヴァン）を使って作っています。粉は全粒粉、ライ麦粉、小麦粉をブレンド。バヌトンと呼ばれる柳のかごに布を敷き、その上に生地を休ませるように置いてゆっくり発酵させ、さらに時間をかけてじっくり焼き上げます。イメージするのは、酸味も香りもあるけれど主張しすぎない、食事の脇役になるパンオルヴァン。生地がちょっとグレーがかっているのはライ麦が入っているから。カンパーニュビオと１日交替で作っています。

カンパーニュビオ

ここ数年で材料の小麦のほとんどを輸入小麦から国産に切り替えました。その大きなきっかけになった北海道・十勝産の有機栽培の小麦「キタノカオリ」を使い、ルヴァンで作っているのがこのパンです。カンパーニュは昔パリ郊外で作られ、市内に売りに来ていた田舎風のパンのこと。ルヴァンで発酵させていました。その方法で「キタノカオリ」のよさを生かしたいと思い作っています。薄く切ってかみしめると、豊かな小麦の味と香りが口の中に広がります。

ルヴァンで作るパン

「ルヴァン」は自家製発酵種のこと。パンオルヴァンはルヴァンで発酵させて作るパンで、20世紀始めにイーストが開発される前はこちらが主流でした。ルヴァンは発酵の力が弱く、長時間かかりますが、そのことで粉の味が引き出されていきます。また中に含まれる乳酸菌や酢酸菌の働きでパンに酸味や風味が加わり、焼いた日、翌日、翌々日と味の変化を楽しめます。イーストを使ったフランスパンに比べ、ルヴァンを使ったパンは香りも味も層をなし、重厚になるのです。

時間をかけて焼いて皮を厚くするのは、水分が飛ばないようにするため。パンを保存して食べていた時代に適っていたんですね。フランスでもいまはバゲットなどのフランスパンが食事パンの主流ですが、味わい深いパンオルヴァンもなくなることはありません。

食べ方はフランスパンと同じですが、たとえば朝バターやジャム、ハチミツを塗って食べるとき、塗る量はフランスパンよりしっかりと多くしたほうがパンの味にあうように思います。料理もどちらかといえば重い料理のほうがしっくりきます。

カタネベーカリーでは小麦からルヴァンをおこし、厨房で育てたものを13年つないで使っています。ここで紹介するのは2つですが、ルヴァン種は、いろんなパンに隠し味のように使っています。（ダイスケ）

クロワッサンの仲間

クロワッサン

仕込んで1日寝かせた生地に、シート状に延ばしたバターを1日かけて何度も折り込んでいきます。1度折り込んだら冷やす、を繰り返すのです。丸2日がかりで完成するクロワッサンは層がしっかり。最初かじったときはさくっとするけれど、次に中の生地がびよーんと伸びてバターがじゅわじゅわっ。新鮮な発酵バターの風味が広がります。クロワッサンは三日月の意味。

パンオショコラ

フランスの代表的菓子パン。クロワッサンの生地に棒チョコを４本はさんで焼きます。生地から感じるほんのわずかな塩気＆甘味とビターなチョコレートの相性はばつぐん。チョコレートは焼きたてはとろり、生地が冷めてくるとぱりっ。そのどちらもおすすめです。パリの人は平日の朝はバゲット派が多く、クロワッサンやパンオショコラは週末の朝ごはんのお楽しみです。

ブリオッシュ生地のパン

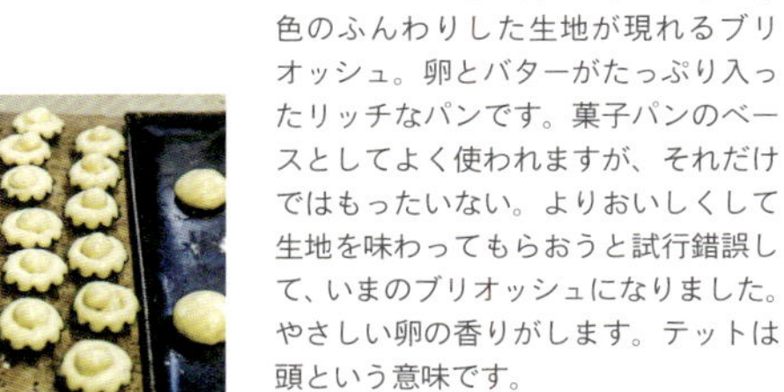

ブリオッシュアテット

さくっとした薄い皮をちぎると淡い卵色のふんわりした生地が現れるブリオッシュ。卵とバターがたっぷり入ったリッチなパンです。菓子パンのベースとしてよく使われますが、それだけではもったいない。よりおいしくして生地を味わってもらおうと試行錯誤して、いまのブリオッシュになりました。やさしい卵の香りがします。テットは頭という意味です。

ブリオッシュムスリン

ドレスなどに使う薄手できめ細やかなムスリン（モスリン）という布から名前がついたブリオッシュ。筒形に作ったものを輪切りにし、トーストして食べるとふんわり、そしてさっくり。空き缶を型がわりにして使っています。

ブリオッシュナンテール

ブリオッシュ生地を大きく焼くと中の柔らかな部分がより楽しめます。これは食パン形。ポコポコした山をひとつずつちぎって食べると、ふんわりだけでなく伸びやかさも感じます。ナンテールはパリ郊外の町の名前。

ナンテール型

フランス流リメイクの定番

クロワッサンオザマンド

クロワッサンにシロップを塗り、アーモンドクリームとスライスアーモンド、砂糖をたっぷり載せて焼きます。シナモン入りのシロップを軽く塗って完成。クロワッサンは切らさないよう1日4回以上焼いていて、何個か残るとこれを作るのですが、1日経ってちょっと乾燥したほうがシロップがしみておいしくできるんです。フランスのパン屋さんには必ずあるメニュー。店頭にあれば近所のフランス人のお客さまが買ってくださいます。

オザマンドショコラ

パンオショコラのリメイクです。クロワッサンオザマンドと同じように作りますが、アーモンドクリームとのバランスがいいように棒チョコを2本追加、計6本。カロリーも原価もけっこう高い！

ボストック

ブリオッシュムスリンのリメイクメニュー。ムスリンを横にカットしてオレンジ風味のシロップに浸して焼くと生地がとろけるよう。登場回数が少ないので、見かけたときはぜひ食べてみてください。

いろいろな食事パン

お食事パン

ベーシックな食パン「パンアングレ」と同じ生地を直径5㎝のまるにしたもの。「全粒粉の食パン」の生地でもときどき作ります。6個で1袋。

いろいろな食事パン

ミルクロール

牛乳で仕込んだ生地は「パンオレ」と同じですが、ロール形にすると伸びのある食感になります。ほんのり甘いので朝のトーストやおやつに。

ふたごパン

牛乳や練乳入りのリッチな食パン「パンドレ」と同じ生地です。たとえば晩ご飯の食卓には食パンのスライスよりこのパンや「お食事パン」のほうが絵になると思う。何となくかもしれないけれど、そんな気分も大事かな、と。

ヴィエノワ

フランスのコッペパン。ミルクスティックのような甘いフィリングもサンドイッチも、両方使える懐の深さがあります。もちろんそのままでもちゃんとおいしい。

イングリッシュマフィン

「パンアングレ」と同じ生地をイングリッシュマフィン型に入れて成形。焼くときに有機全粒粉トウモロコシ粉をまぶします。その香ばしさはトーストすると引き立ちます。

バンズ

ハンバーガーショップの依頼で作り始めました。バンズに大事なのは歯切れや口溶けのよさ。主張しすぎないこと。でもそれだけで食べてもおいしくしたい。難題ですが、考えるのは楽しいです。

転機になったできごと

オープンしてからの毎日は、いろんな楽しさもありましたが、本当に忙しくて大変でした。当初は私たち夫婦とアルバイト3人でお店を切り盛りしていました。お店が忙しくなるにつれ、私の仕事の入り時間もどんどん早くなり、一時期は朝3時過ぎから仕込みをして、開店準備をして、スタッフと入れ替わりで家に戻り、子どもたちに朝ご飯を食べさせて、保育園に送っていき、洗濯をして、お店に戻って販売をして、夕方子どもを迎えに行き、ご飯を作り食べさせて、また戻って掃除をして翌日の準備が終わると、軽く夜の10時は過ぎているという日々。いま思い出しても大変だったなぁと思います。

休みの日も普段できない雑事に追われ、いろいろなことが思うようにできなくて、悲しい気持ちになったりもしていました。でも、そんなときでも、いろんなお客さまとおしゃべりをしたり、「おいしかった！」と言っていただけると頑張ろうという気持ちがわいてきて、毎日なんとかやっていました。

そのころは、子どもたちとの時間もあまりなかったので、子どもたちが夜掃除を手伝いにきたり、少し時間があるときは残った生地で動物パンを作ってお店で遊んだりして一緒に過ごしていました。

転機になったのは次女の入院です。大事には至りませんでしたが、病気で2週間入院することになり、私も病院に寝泊まりしました。最初は心配で頭がいっぱいでしたが、元気になってくると、久しぶりにゆっくり過ごせるなと次女に感謝しつつ、お店と家は大変だろうなぁなんて考えていました。

このとき長女は、預かるよと迎えにきた実家の両親にきっぱり「行かない！」とめずらしく反抗して、家では夫と長女の珍生活が繰り広げられていたようです。お店は夫とスタッフたちの頑張りで、休まずに開けることができ、保育園の送り迎えも交替でしてくれていました。

退院してお店に戻ると、私が17時に仕事を終えるスケジュールになっていました。きっと夫が仕事をしながら子どもの世話と家事（必要最低限）をしてみて考えたのだと思います。お店も私がいなくても開けられることがわかって、少し肩の力が抜けたのではないでしょうか。

何か起きたときにお店を休んでしまうのは簡単ですが、なんとかして営業するのは大切なことだと思います。お客さまもそういうところを見てくれているんじゃないかなと感じています。臨時休業しないというのは当たり前のことですが、お店を続けていく上での重要なポイントではないでしょうか。

私たちの働く姿を見ていたからか、子どもたちは大きくなるにつれて手伝ってくれるようになり、いまでは食事以外の家事は子どもたち（おもに次女ですが）が担当しています。おかげで仕事から戻れば、あとはご飯を作るだけになっているので、手抜きではない食事も用意できます。お店のスタッフも少しずつ増えて、社員が6人とアルバイト数名になりました。お店の可能性も広がって、近所の保育園にパンを配達したり、ちょっと大口のカフェやレストランの注文を受けたりもしています。でも、むやみに仕事を増やすのではなく、いつもの仕事をよりよいものにして、いままでやりたかったのにできなかったことをひとつずつしっかりやっていきたいと思っています。

私たちは早くに結婚、出産しているので、大変な時期が重なったのかもしれません。でも、体力のあるときにバタバタしながらも前に進んでよかったなという気もします。いまからオープンをもう一度と言われても、たぶん同じようにはできないのではないでしょうか……。（トモコ）

ハード系のパン

pain au levain
パン　オ　ルヴァン
¥550　1/2¥275
自家製自然種のパン。日持ちします。
水、金曜日に焼いています。
小さいサイズもあります。
¥400
pain au levain au noix et figue
ノア　エ　フィグ
¥230
自家製自然種のパン。イチジクとクルミ入り。水、金曜日焼成。
pain au levain au noisette et raisin de corinthe
ノアゼット　エ　カレンズ
¥280
自家製自然種のパン。ヘーゼルナッツと小粒のレーズン入り。水、金曜日焼成。
pain aux algues
パン オ ザルグ
4種類の海藻がたっぷり入ってます。磯の香りがたまりません

朝の甘いパンにかわり、お昼近くになると順次焼き上がってくるのは、無骨な茶色いパン。油脂や砂糖が入らない“リーン”で、皮はかたく、中はみっちり詰まったハード系です。なかには最初はなかなか売れず、何度か存亡の危機に立ったパンもあります。でも「○○さんが買いにくるから」と細々作り続け、お客さまに食べ方をご紹介するうちに少しずつ売れるようになりました。いちど食べていただくとリピートする方が多いのはうれしいですね。薄く切ってかみしめるとじんわりおいしいと思います。（ダイスケ）

ライ麦入りのパン

パンオセーグル

小麦粉にライ麦（セーグル）を混ぜたパン。ライ麦は栄養価が高いけれど独特のクセがある。それを生かしつつ、食べやすいように仕上げています。ちょっと酸味があります。

ノアカレンズ

パンオセーグルにクルミ（ノア）と小粒のぶどう・カレンズを混ぜました。クルミの渋皮とカレンズが、パン生地をおいしそうな色に染めます。

セーグルオミエル

ハチミツ（ミエル）入りライ麦パン。昔のライ麦は匂いが強くハチミツで和らげていました。今はそれほどでもないけれど、少し加えるとほっとする甘さに。生地もしっとり。

セーグルオランジュ

セーグルオミエルの生地に自家製の柑橘（オランジュ）の皮（ピール）を混ぜて焼いたパン。ハチミツとオレンジのコンビは女性に人気です。

セーグルノアレザン

セーグルオミエルの生地にクルミとレーズン（レザン）を混ぜています。クルミの香ばしさとレーズンの甘味、生地の風味が相性バツグン。

クルミパンの仲間

パンオノア

クルミ（ノア）パンはナッツ入りのパンの中でいちばんポピュラーな存在。全粒粉とライ麦と小麦粉でクルミパン専用の生地を仕込んで作っています。毎日ローストして使うクルミとしっかり焼いた生地がダブルに香ばしい。

ノアフリュイ

パンオノアの生地にドライマスカット、クランベリー、オレンジピールを混ぜました。フリュイは果物のこと。地味な見た目を裏切る華やかな味。

クルミとチーズ

パンオノアの生地でグリエールチーズを包みました。ワインにあうパンです。クルミは味の濃厚なグルノーブル産を使っています。

ノアレザン

パンオノアの生地にサルタナレーズンを混ぜています。セーグルノアレザン（59ページ）に比べ、クルミの割合が多い。

セザム

クルミパン専用の生地を楕円に成形。全面に洗いゴマをまぶして焼いています。クルミは入っていません。フランス流ではないけれど、フランスの方が予約してくれます。

バゲットセレアル

クルミパン専用の生地にゴマ、モチキビ、ポピーシード、オートミール、アマニを混ぜてバゲット状に。かむとプチプチ。セザム同様、こちらにもクルミは入っていません。普通のバゲットのように料理とあわせたり、サンドイッチに。

パンオルヴァンの生地のパン

アマンドレザン

パンオルヴァン（40ページ）の生地に粒のままのアーモンドとヘーゼルナッツ、レーズンを混ぜました。生地の割合も多く、口に入れた部分によって味が違うのが楽しい。夏休みにスペインとの国境に近いコリウールの町で食べたパンをイメージして作っています。

ノアゼットエレザン

パンオルヴァンの生地にヘーゼルナッツとレーズンをたっぷり入れ、洗いゴマをまぶしています。アマンドレザンと比べると具を食べる感じです。

カジュエカレンズ

パンオルヴァンの生地にカシューナッツとカレンズが練り込まれています。ノアゼットエレザンに比べるとドライでお菓子っぽい。

ノアエフィグ

パンオルヴァンの生地にクルミと赤ワインに浸して戻したイチジクがごろごろっと入っています。薄く切ってチーズと一緒に食べるのがおすすめ。

ドライフルーツやナッツはできるかぎりオーガニックのものを使っています

リュスティック

オリーブ

ブラックとグリーンのオリーブを刻んで入れています。塩気がアクセント。

リュスティック

リュスティックは「気取っていない、野趣に富んだ」という意味。水分を多く含む生地のため成形しづらく、切り分けるだけで焼くことからついた名前です。味も食感もフランスパンを少し重くした感じ。それがいいと選ばれる方も。

セレアル

生地にアマニとゴマを混ぜ、外側にオートミールとヒマワリの種をまぶしています。アマニはフラックスシード（麻の一種の種）。栄養価が高く、ゴマのようなつぶつぶです。

クランベリーとクルミ

クランベリーはコケモモの一種。生地の色が濃いのはクルミの渋皮とクランベリーの色に染まるから。

マイス

マイスはトウモロコシのこと。プチプチした粒を切り出し、生のまま生地に混ぜて焼きます。季節限定で、レンコン、カボチャなどでも作ります。

マカダミア

細長い形をしているのは、ごろごろ入ったマカダミアナッツを外側に出し、より香ばしく焼き上げるため。

チャバタ

チャバタ

チャバタはイタリア語でスリッパの意味。オリーブオイルが入った、ハード系のなかではしっとりした生地。皮も薄く「フランスパンは好きだけれど、もう少し柔らかいのがいい」という方におすすめします。

オリーブ入りチャバタ

チャバタの生地にブラックとグリーンのオリーブがごろっごろっ。切っただけでワインのおつまみになります。

パン屋のフランス語講座

パンの名前は材料からつけるものが多いです。
ちょっと知っているとパン選びや旅先で楽しいかな、
と思いまとめてみました。（トモコ）

- **アマンド**【amande】…アーモンド
- **オランジュ**【orange】…オレンジ・柑橘
- **カネル**【cannelle】…シナモン
- **ジャンボン**【jambon】…ハム
- **ジャンボンクリュ**【jambon cru】…生ハム
- **シュクル**【sucre】…砂糖
- **ショコラ**【chocolat】…チョコレート
- **セーグル**【seigle】…ライ麦
- **セザム**【sésame】…ゴマ
- **セレアル**【céréales】…雑穀
- **ノア**【noix】…クルミ
- **ノアゼット**【noisette】…ヘーゼルナッツ
- **フィグ**【figue】…イチジク
- **フリュイ**【fruit】…果物
- **フロマージュ**【fromage】…チーズ
- **ポム**【pomme】…リンゴ
- **マイス**【maïs】…トウモロコシ
- **ミエル**【miel】…ハチミツ
- **ミュスカ**【muscat】…マスカット
- **レ**【lait】…牛乳
- **レザン**【raisin】…ブドウ

ハード系の大型ニューフェイス

パン

小麦、塩、水。シンプルな材料をルヴァン種と少しのパン酵母で時間をかけて発酵させて作った、その名も“パン”。味も食感も重いので、毎日の食事パンというよりはお酒のアテ向き。自分がワインを飲むようになり、こういうパンがあってもいいな、と始めました。大きく焼いて、お客さまの希望にあわせてカット、量り売りしています。

雑穀パン

フランスで食べた雑穀入りのパンと、うちで毎日食べている雑穀米がヒントになったパン。お湯で戻したオートミール、ヒマワリの種、モチキビ、小麦のフスマ、そしてゆでたスペルト小麦の粒が入っています。穀物の風味や食感を生かしたもっちりと食べやすいパン。皮はカリッとハード。

フォカッチャ

チャバタの生地を大きな円形にし、上からオリーブオイルをかけて焼きます。表面に穴があいているのは中までオイルがしみるよう。ふだんは1/4サイズで販売していますが、大きいままだと水分が飛びにくく、日持ちします。

パンの保存と保存したパンの食べかた

おいしいピークを冷凍保存する

お客さまからパンの保存について質問されることがよくあります。食べきれなかったり、まとめ買いしたときにどうしたらいいのか、と。パン屋なので、ふだんの暮らしでパンを冷凍したり、解凍して食べたりということが、実はほとんどありません。私より上手な方がいらっしゃると思うのですが、経験上感じていることをいくつかお話しできたらと思います。

どんなパンも粗熱がとれたらできるだけ早く冷凍するのがおすすめです。パンがいちばんおいしいのは、焼きたてがさめたとき。あつあつの状態より粉の甘味が感じられるし、焼いた香りが生地の中に入ってくるからです。そのピークをなるべく外さずに冷凍してください。

冷凍する場合は、一度に食べきれる量に小分けして、ラップで包むか保存用の袋に入れます。パンはまわりの匂いをよく吸います。他の食品の匂いが移らないよう、そして水分が飛ばないようにしてください。冷凍に時間がかかると味が落ちてしまいます。なるべく短時間で冷凍したいので、庫内が空いている方がいいですね。ただうまく冷凍しても1週間以内、香りが楽しめるうちに食べきっていただけるとうれしいです。

パンの解凍にはあまり時間がかかりません。食べるときは、30分～1時間前に冷凍庫から出して自然解凍してください。解凍後の食べかたはパンの種類によって違ってきます。

解凍後はそれぞれの方法で

●フランスパン

パンの水分が飛ばないようにすることが大事です。オーブントースターを予熱しておき、パンの表面を霧吹きの水で濡らしてから温め直すと焼きたてのようにぱりっと戻ります。トースターにもよりますが、焦げないよう低めの温度がいいと思います。焼かずにそのまま食べるのも甘味がはっきりしておすすめです。

●パンオルヴァン、カンパーニュビオ

ルヴァン種のパンは一日ごとに味が変化していくので、それも楽しみのひとつ。常温保存に向いています。でも食べきるのに数日以上かかるときはスライスして冷凍保存。解凍後はフランスパンと同じように食べてください。

●食パン

パンドレは解凍してそのまま食べてもおいしいけれど、アングレ、ハードトースト、全粒粉の食パンはトーストがおすすめです。トーストは高温で一気に焼くのがポイント。少し時間が経ったパンはピザトーストやクロックムッシュにリメイクしてはいかがでしょうか。

●クロワッサン

クロワッサンは、トースターで温めているあいだはバターがとけてふにゃっとしています。ぱりっとさせたくてずっと焼いていると焦げてしまうだけ。パンが温まったらトースターから出し、粗熱をとってください。ぱりっ、が戻ります。（トモコ）

献立とパン

主役は料理、パンは脇役

バゲット、パンオルヴァン、カンパーニュビオなどの食事パンや、ハード系のパンはどんな料理にあいますか？　とお客さまに聞かれることがあります。そんなときは逆に「どんなお料理にあわせますか？」とお尋ねするようにしています。パンは食事の主役ではなく、料理の脇役だからです。

　バゲットは、どんな料理にもあうのでおすすめしやすいのですが、お客さまが作りたい、食べたいと思っている料理にあうパンを、食卓を想像しながらあれこれ考えるのは楽しいです。

　たとえばトマト味のラタトゥイユなら、コクがあって素朴なパンオルヴァンやカンパーニュビオ。牛肉の煮込みならバゲットよりちょっと重いリュスティック。あっさりしたチキンと野菜のスープなら香ばしい雑穀パンやセザム、クルミのパンオノアでもよさそう、といったように。

　ピンポイントになりますが、「今日は牡蠣を食べたいと思っているんだけれど」とおっしゃるお客さまに「ぜひ！」とおすすめするのはライ麦入りのパンオセーグルです。牡蠣や海の幸とライ麦パンはヨーロッパでは定番の組み合わせで、実際にいっしょに食べてみたらすごくおいしかったのです。ライ麦の香りや生地のぎゅっと詰まった感じが海の香りとあうのでしょうか、牡蠣の季節にはライ麦パンの売り上げが伸びるという統計もあるそうです。

　ハード系のパンは基本的に薄くスライスし、そのままか、バターやオリーブオイルを添えてテーブルに出します。

フルーツやナッツ入りのパンはサラダやワインと

ただ、いつもハード系のパンをおすすめするわけではないんです。自分でも疲れていたりすると柔らかいパンのほうがほっとする。バゲットよりも、チャバタや食パンの生地で作っているお食事パン、ふたごパンがいいな、と思うことがありますから。お客さまとお話をして、その時々でぴったりくるパンをおすすめできたらいいな、と思っています。

ハード系には、ドライフルーツやナッツを混ぜて焼いたパンもいろいろ揃っています。香りや味に個性のある生地と相性がいいし、なにより私たちが好きなのです。こちらは料理とあわせるというより、バターやクリームチーズ、ハチミツを塗って朝食や軽食に。ごちそうサラダやチーズ、ワインといっしょの週末のテーブルにもいいと思います。（トモコ）

焼いた翌日、風味が増したパンオルヴァンやカンパーニュビオを薄くスライス。クリームチーズとハチミツをたっぷり塗って食べるのが朝食の定番です。

パン屋の仕事

毎日同じで、毎日違う

目覚ましは５分刻みで３回鳴るようにセットしていますが、だいたい１発目で起きます。起きて着替えて午前２時半までには厨房に降り、「今日もがんばろう」と１日が始まります。

やることは毎日同じです。２時半から３時半までは粉と水や水分をあわせる作業。粉の計量や生地の仕込みは僕が担当しています。３時半になると製造のスタッフたちがやってきて焼きや成形も始まり、僕も次々に生地を仕込んでいく。５時半になるとフィリングの担当、販売、カフェのスタッフがきて、開店の準備が始まります。

ひとつのパンができるまでには、粉の計量やミキシング、発酵、成形、焼成などたくさんの工程があり、スペースも効率よく使いたいので、仕事はパズルのように立体的に、分刻みで組み立てています。たとえば早朝に作っている生地には、明日焼く分もあれば２日後の分もある。作業のタイミングにあわせてフィリングが順々に届く。さまざまな作業がスライドして進んでいくんです。

僕もスタッフもそれぞれの持ち場はあるんだけれど、みんな動きながら空いているスペースがあればそこに入る。それがうちのスタイルで、ライブ感があって好きなんです。最初はうまく入っていけないスタッフも、長くやっていると自然にできるようになる。パズルゲームがうまくいっていると「今日はいいぞ」とうれしくなります。

朝食は８時半から35分頃に焼き上がったパンの味見を兼ねてとることが多く、遅くとも38分には次の仕事にかかります。トイレの時間も決まっています。体がそうなるんですね。

毎日同じといっても、なかなか思うようにはいきません。気温や粉のロットによって生地の状態は日々異なりますし、パンのマイナーチェンジもあるし、イレギュラーな注文が入れば時間調整が必要になる。スタッフの入れ替わりもある。きついといえばきついけれど、集中力をうまくコントロールして、困難を乗り越えるのはけっこう楽しいです。

実際は朝からずっと時間にあおられていて、うまくいかないこともあります。でもやり残しはせず、あとはスタッフに任せられると思うところまでやり切って、午後3時半に仕事を終えると決めています。

僕がこうだからスタッフは大変かもしれません。もう少しゆるくできるのかもしれないけれど、これはもう性格ですから。ゆとりを持ちつつ集中して仕事をするのが理想ではあるんですけどね。

3時半に仕事をあがって昼ご飯を食べて、20分ほど昼寝をします。そして5時半に様子を見に降りて、打ち合わせがあったら済ませ、なければギターを弾いたり。それから晩ご飯を食べて、お風呂に入って9時には寝る。

僕の一日はこんな感じです。

パン屋になってほんとうによかった

この仕事を始めたきっかけは、結婚して、さてどうしようかというとき、妻に「パン屋がいいんじゃない」と言われたことです。僕は「そうだね」と答えて、さっそく修業先を探しました。そんなスタートだったんですが、パン屋になってほんとうによかったと思っています。

コツコツした性格とか、朝早いのが好きとか、時間に正確とか、そんな気質が仕事にあっていたんでしょうね。パンは日々作るもので、毎日積み重ねていく感じがぴたっときた。その一方で、発酵というあいまいな要素もあって単純ではない。それもまた僕には楽しい。

日本のパン作りはまだ歴史が浅く、パンについてもまだまだわからないところがたくさんあります。それがいま、少しずつ解明されつつあって、技術

も進化している。自分自身20年近くやってきて、ちょっとつかみかけているように思うこともあるし、いまでも毎日の作業のなかで気づくことがあります。そういう意味でも、これから仕事がどんどんおもしろくなるんじゃないかと思っています。もっと深くパンのことを知りたいし、もっとワクワクすることがあるはずだし、昨日より今日、今日より明日、おいしいパンが作れるようになりたい。

パン屋をやっていていちばんよかったと感じるのは、一生懸命仕事をしていることによって、もともと何者でもない僕らが地元の人たちに受け入れてもらえること。お客さまから「この店はおいしいよね」って言ってもらえるのはすごくうれしい。人から必要とされることなんてなかなかないですから。

ここ数年、小麦農家や製粉会社の人たちと直接会って話をしたり、畑を見に行く機会が増えました。農家の話を聞くと麦は農産物だということを実感します。粉の質に多少ぶれがあるのは自然なことで、それを引き受けておいしいパンにするのが職人だと思うと気合いが入ります。その一方で、「この小麦で作ったパンの評判がいい」と伝えたりすることで、農家さんから「自分の畑とパンが結びつくようになった」と言われることもあります。パン屋を通して地元のお客さまと農家がつながる──そんな、小さなパン屋だからできることをしていきたいと考えています。（ダイスケ）

しょっぱいパンとサンドイッチ

しょっぱいパンやサンドイッチは、パンと具の食感や味の相性を大事にして作っています。パン屋なのでパンを残さずおいしく食べてほしいからです。具材はすべて手作り。あまり高価な材料は使えませんが、自分たちが食べておいしいと思ったものを使うようにしています。

サンドイッチは注文をいただいてから作ります。スチームの入るパン屋の窯で温めると火の入り方が違うので、ピザやバゲットフランベは「温めますか？」とお客さまにたずねます。手間をおしまないのはパン作りと同じです。

（トモコ）

フランスパンをおいしく

バターのフランスパン

専用の短めのフランスパンが焼き上がるや、発酵バターの塊を上に載せてじんわりしみ込ませせます。焼きたてにかぶりつきたくて困るスタッフも。

エピ

フランスパン生地でベーコンを巻き、ハサミを入れて麦の穂（エピ）の形にします。ベーコンは2枚重ね。パンに脂がじゅっとしみて焼けたあたりがおすすめです。

玉ねぎフランス

フランスパンの生地でゴーダチーズを包み、薄くスライスした玉ネギを載せて焼きます。玉ネギの焦げた香ばしさ、シャキッとした食感、甘味が同時に味わえます。

バゲットフランベ

フランスのアルザス地方に旅行中、毎日食べていたタルトフランベが原型です。バゲットにベーコン、ベシャメルソース、グリエールチーズ。見た目に比べ、意外にあっさり。

パンオザルグ

海藻のパンという意味。ヒジキ、アオサ、ワカメ、フノリ、4種類の海藻をフランスパン生地に混ぜました。磯の香りと生地の塩気がぴったり。

チーズたっぷり

クロワッサンジャンボン

ハム（ジャンボン）とグリエールチーズをはさみ、上にグリエールとベシャメルソースを載せて焼きます。クロックムッシュのクロワッサン版。

ピザプロヴァンス

横半分にしたチャバタにトマトソース、ツナ、玉ネギ、オリーブ、パプリカ、グリエールとゴーダ２種類のチーズを載せて焼きました。野菜たっぷり。

クロワッサングリエール

グリエールは「スイスの女王様」と称されるチーズ。焼くとコクが増しクロワッサンとあいます。チーズは塊で仕入れ、そのつどカットして使用。

フィリングは自家製

季節のカレーパン

春はニンジン、夏は夏野菜、秋はきのこ、冬はカボチャ。旬の野菜を使って作るカレーは、玉ネギを炒めるところから始めます。焼きタイプです。

ミートパイ

ミートソースは、粗挽きした牛の赤身肉を自家製のトマトソースで煮込んだもの。それをパイ生地で包みます。フィリングはどれも素材の味を大事にして作っています。

ベーコンポテトのフランスパン

大ぶりに切ったジャガイモ、玉ネギ、ベーコンを炒め、フランスパン生地に詰めました。黒胡椒とグラナパダーノチーズが味を引きしめます。

キッシュ

キッシュ

カレーと同じように旬の野菜を2、3種類組みあわせ、卵液とチーズをかけて焼いています。写真はパプリカ、ズッキーニ、ナスの夏野菜のキッシュ。

玉ねぎのタルト

飴色になるまで10時間炒めた玉ネギで作ります。卵液は少しだけ。見た目は薄いけれど玉ネギの甘さが凝縮してとろり。手間がかかりますが、そういうのってちゃんと伝わる。人気があります。

いわしのタルト

オイルサーディンの下は玉ネギのスライス。タルト1台に大きめ1個分を使用。1時間かけてじっくり焼いて甘さを引き出すと、サーディンの塩気とほどよいバランスに。

バゲットのサンドイッチ

ジャンボンフロマージュ

バゲット＋発酵バター＋もも肉のハム＋エメンタールチーズ

フランスのサンドイッチの定番中の定番。シンプルだからこそ、材料は自分たちで試食して選んでいます。

ジャンボンクリュ

バゲット＋発酵バター＋生ハム＋キュウリのピクルス

ピクルスはくせがなく食べやすい「マイユ」のコルニッション（小さなキュウリ）。3切れ差し込むのがバランスがいいと思います。

ラペサンド

バゲット＋ツナペースト＋キャロットラペ

たっぷりニンジン１本分のほんのり甘いサラダ（キャロットラペ）をはさみました。薄く塗ったツナペーストがバゲットとニンジンをつなぐ役。歯ごたえもあり食べるときは格闘技のようですが、女性に人気があります。

「野菜をいっぱい食べたい」というお客さまのリクエストから生まれた人気サンド

キャロットラペのレシピ

しりしり器

調味料はリンゴ酢と粒マスタード、そしてレーズンの甘味だけ。味付けも作り方もとてもシンプルです。ニンジンはチーズおろしかしりしり器でおろすと表面がざらっとしてドレッシングの味がなじみやすくなります。サンドイッチの具材としてだけでなく、カフェのサイドメニューとしてもお出しししています。

●材料（サンドイッチ２個分）
ニンジン２本、レーズン 30g、ドレッシング（オリーブオイル 20cc、リンゴ酢 15cc、粒マスタード少々）。

作り方
①ニンジンは皮をむき、しりしり器でおろす。レーズンは水洗いする。
②ニンジンとレーズン、ドレッシングを混ぜ合わせ、一日ほど置く。

ベトナム風サンドイッチ

バインミー豚肉

バゲット＋クリームチーズ＋焼いた豚肉＋ダイコンとニンジンの紅白なます＋パクチー

バインミーはベトナム風バゲットサンド。旅先で出会った味を再現。なますは加熱してくせをやわらげたナンプラーで味付け。

バインミーツナ

バゲット＋発酵バター＋カリカリに焼いたベーコン＋レタス＋ツナ＋キュウリ＋アボカド

ツナと千切りキュウリをナンプラーで味付け。こちらもベトナムで食べたのですが、アボカドをプラスしたのはカタネベーカリーオリジナル。

チャバタサンド

チャバタサンドツナ

チャバタ＋ピクルス入りマヨネーズソース＋レタス＋ツナ＋プチトマト

夏休みにパリのパン屋さんで食べたツナサンドがおいしくて作りはじめました。ピクルスとサワークリーム入りのマヨネーズソースがさっぱり。

チャバタサンドサーモン

チャバタ＋クリームチーズペースト＋スモークサーモン＋紫玉ネギ＋ケーパー

疲れていて「硬いバゲットはちょっと」という日にはチャバタサンドを。ハード系の中ではソフトなパンには歯ごたえの柔らかな具材を。

パニーニ

パニーニジャンボン

パニーニ用パン＋オリーブオイル＋もも肉のハム＋グリエールチーズ

イタリアのホットサンド。専用のマシーンで圧力をかけて焼くとチーズが溶けて具材がひとつに。

パニーニクリュ

パニーニ用パン＋オリーブオイル＋生ハム＋スライストマト＋バジル＋グリエールチーズ

パニーニでは定番の組み合わせ。パニーニはすべて注文があってから作ります。

パニーニボロネーズ

パニーニ用パン＋オリーブオイル＋ボロネーズ＋スライストマト＋グリエールチーズ

旨味たっぷりのミートソースとチーズの間にはさまれたトマトが、ジューシーなソースのよう。

ヴィエノワ

ヴィエノワサンド

ヴィエノワ＋ゆで鶏のマヨネーズ＆粒マスタード和え＋ゆでインゲン＋ゆで卵

身近な材料を組み合わせていますが、手で裂いた鶏やゆで卵、ゆでたインゲンともちっとしたヴィエノワの食感があうと思います。

「近所にあったらいいなぁ」のお店

カタネベーカリーでは、フランスのパン屋さんに並んでいるような伝統的なパンを中心に、デニッシュやタルト、総菜パン、サンドイッチのほか、あんぱんやメロンパンなどの日本のパンを含め、毎日80種類、曜日限定のパンを入れると100種類ほどのパンを焼いています。夫に確認したところ、生地の種類は20種類以上あるそうです。お客さまの要望に応えているうちに、いつの間にか種類が多くなってしまいました。

パンの中に入れたり、載せたりするフィリングはすべて手作りしています。ジャムやカスタードはもちろん、あんぱんの餡、カレーパンのカレー、ミートパイのミートソース、ピザのトマトソースも自家製です。自家製にしているのはお客さまに安心して食べてほしいから、という気持ちもありますが、やっぱり自分で作った方がおいしいからというのが大きな理由です。ハムやベーコンも自家製にしたいところですが、お肉屋さんのハムのようにはなかなか作れません。それなりにおいしくはできるんですが、まだまだ勉強が足りないようです。

よく取材のときやお客さまから「何にこだわっていますか？」と聞かれますが、「もちろんおいしいことにこだわっています」と答えています。みなさん「え？」という顔をされますが、材料や製法は手段であって目的ではないからです。

もちろんおいしいものを作るために、材料にも製法にもこだわっているのですが、それを使っているからおいしいわけではなく、おいしくするためにそれを使っているということです。お店のプライスカードにも「〇〇産〇〇使用」というような表示はしていません。それでも私たちが思っている以上に、お客さまはちゃんとわかってくれている気がします。

うちのような小さなお店をやっていくには、自分の作りたいパンを作るだけでもいけないし、お客さまにあわせて作りたくないパンばかり作るのも問題があると思います。うまくバランスを取って、自分たちのやりたいことときてくださるお客さまのニーズとの折り合いを付けていくことが大事なのではないでしょうか。

私たちのお店は住宅地にあるので、お客さまの大半はご近所の方々です。一度食べたら忘れられないパンを作るというよりは、毎日食べたいパンを作りたいと思っています。そのためにも価格はできるだけ抑えています。毎日食べるパンだからからだにいいものにもしたい。薄利多売で仕事は大変になりますが、パン屋はレストランやケーキ屋とは違い、日常に密着した仕事だと思っています。たとえば八百屋や魚屋のような感じでしょうか？　毎日この店で買えば安心と思ってもらえたらうれしいですね。

「近所にあったらいいなぁ」というお店が理想なのですが、その思いが伝わっているのか、近所に引っ越してきたんです、というお客さまもいらっしゃいます。逆に引っ越された方々もときどき、遠くから買いにきてくれています。お別れのときにはいつも、「お店はずっとここにありますから、またいらして下さい」と声を掛けています。そういうお客さまたちにまた会うためにも、これからも長くがんばっていかなきゃと思うこのごろです。（トモコ）

季節の焼き菓子
毎日の焼き菓子

ガレットデロワ

ガレットデロワはキリスト教の祝日・公現祭を記念する焼き菓子。祝日が1月6日にあたるため、フランスでは新年をお祝いするお菓子として親しまれています。葉と麦の穂と太陽の3つが定番模様のパイ生地に入っているのは、アーモンドクリームと陶器のフェーヴ（fève）。切り分けたときこれに当たった人は王様・女王様になれ、1年間幸運が続くといわれています。カタネベーカリーでは1月限定で作っていますが、毎年200台ほどの予約をいただきます。たとえばお子さんが2人いらっしゃるご家庭でリクエストがあればフェーヴを2個お入れしたり、そっと印をつけてお渡しすることもあります。フェーヴはそら豆の意味。陶器はいろいろあってコレクターもいますが、昔は豆が入っていたのでしょうね。

カタネベーカリーでは焼き菓子も作っています。ひとつはパウンドケーキ、クッキー、ラスクといったふつうの日のおやつにちょうどいいもの。もうひとつはリンゴや栗のパイや、クリスマスなどにちなんだ季節のお菓子です。

素朴な焼き菓子には、それぞれにファンがいます。なかでもガレットデロワなどの季節限定品は楽しみにしてくださる方も多く、「これが並ぶと季節を感じる」と言っていただくと厨房の忙しさを忘れます。（トモコ）

季節の焼き菓子

リンゴのパイ

10月、いつも野菜や果物を頼んでいる近所の八百屋さんから紅玉が届くと作り始めます。紅玉は生のまま、ざく切りにしてパイ生地に載せ、上からきび砂糖をぱらっとかけるだけ。酸味がまさるところがあるけれど、それが季節の味。

栗のパイ

パイ生地の中に、大きな栗の渋皮煮が１個ごろんと入っています。渋皮煮といっても蜜に長時間は浸しません。ほくほくっとした栗らしさはこの時期にしか味わえないから。秋は栗から始まりリンゴ、クリスマスと季節ものが続きます。

シュトレン

ドイツ発祥のクリスマスの焼き菓子。1ヵ月ほど洋酒に漬けこんだドライフルーツがたっぷり入っています。発売は11月末〜12月。毎日少しずつ薄く切って食べながら、クリスマスを待つ習わしです。「しっとり」と「かりっ」の2タイプがあります。

ベラベッカ

同じクリスマスでも、こちらはフランス・アルザス地方の伝統菓子。赤ワインやキルシュに漬けたドライフルーツやナッツがメインで、粉はつなぎ程度。スパイスがきいて濃厚です。お酒のつまみに、と1年分買って冷凍しておく方も。

毎日の焼き菓子

素朴な味。
タルト台は
さくさくです

チーズのタルト

タルト生地の土台に流し込むのは2種類のクリームチーズを使ったアパレイユ（液状の生地）。上に粉末にしたグラナパダーノチーズをふって塩気とコクをプラス。

レモンのタルト

レモン2個分の果汁とたっぷりの砂糖が入ったレモンカスタードは、顔がくしゅっとなるほどすっぱいけれど甘味もしっかり。さわやかな大人の味で、食べ応えも十分です。

ルバーブのタルト

ルバーブの軽いコンポートがメインの初夏限定品。すっぱくてあっさりしているフィリングが甘さひかえめのタルト生地とよくあいます。季節のタルトは他にイチジク、アンズ、プルーンなど。

アマンディーヌ

タルト生地に、ラム酒漬けのレーズン、アーモンドクリーム、アーモンドスライスをたっぷり重ねてオーブンに。香ばしく焼けたら自家製のアンズジャムを塗ります。

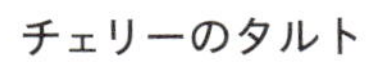

チェリーのタルト

甘酸っぱくてジューシーなチェリーとしっとり香ばしいピスタチオクリームは、フランス菓子の定番の組み合わせ。おしゃれな色も魅力です。甘さはひかえめ。

パン屋さんのシュークリーム

丸く焼いたデニッシュがシューがわり。さくっとした生地と注文があってから詰める生クリーム入りカスタードとのコントラストがごちそう。

ガトーショコラ

酸味が強いものと苦味が強いもの、2種類のオーガニックチョコレートをたっぷり使っています。生地はしっとり。季節のケークとともにカフェでもお出ししています。

季節のケーク

写真は初夏限定、ルバーブのパウンドケーキ。この場合は偶然ですが、「チェリーとクリームチーズのパウンドケーキ」は、切り口が目と口の形になるように狙っています。

フィナンシェ

卵白とアーモンプードルを使った独特の食感の、香ばしい生地。フィナンシェは銀行家の意味。金塊の形の型からはみ出た"羽根"がおいしいので、探してみてください。

小さなお菓子

柑橘のピール

うちのおやつだったものが進化。パンやカフェで使う柑橘を国産に切り替えてから商品化しました。そのときどき、旬の柑橘で作っています。苦みがおいしい。

シューケット

シュー生地を小さく絞り、パールシュガーを振って焼いたもの。フランスのパン屋さんの定番お菓子で子どもが来ると1個2個手渡しでサービス。いつかそれをやりたいです。

お砂糖のパイ

パイ生地にグラニュー糖とざらめを振って焼くシンプルな味。砂糖が熱で溶けてパリパリになった飴が、ときどきはりついています。ちょっとうれしい素敵なおまけ。

チーズスティック

パイ生地にグラナパダーノチーズとゴマをトッピング。焼き菓子唯一のしょっぱい系。グラナパダーノは北イタリアのハードチーズ。お酒にも。

ムラング

卵白と砂糖で作ったメレンゲを、パン焼き窯の火を落としたあと低温で10時間ぐらいかけて焼きます。プレーン、抹茶、ココナッツ、紅茶の4種類。

しょうがのコンフィ

カフェで使うジンジャーシロップを煮出した後のしょうがで作ります。これもうちのおやつが進化したもので、くせになります。シナモンロールにも入っています。

プリン

昔ながらのシンプルな味は家庭科のノートのレシピをアレンジしたもの。卵も牛乳も材料を厳選し、オーブンで蒸し焼きしています。カフェの人気メニューのテイクアウト版。

プラリーヌ

アーモンドの砂糖がけです。フランスのマルシェの屋台で作って売っているのを再現。夫が好きで「あれなら自分でも作れる」と始めました。

グラノーラ

えん麦、アーモンド、クルミ、イチジク、柑橘のピールなど約15種類の材料にきび砂糖とハチミツをまぶし、オーブンで焼いて作ります。

ラスク

バゲットを薄く切り発酵バターを塗って、喜界島のきび砂糖をつけて焼きます。きび砂糖は焼くとハチミツみたいな香り。

思いきって夏休み

パン屋にとって、夏は試練のときではないでしょうか。それでなくても暑い厨房で一生懸命パンを焼いているのに、売上げもあまりよろしくないなんて、本当に大変な季節です。

カタネベーカリーも例外ではありません。なにせ、駅からお店までの10分弱、まったく日陰のない道なのです。残念なことにお店の前の道は、猛暑日、酷暑日になると日中は誰も歩いていません。やはりほかの季節と比べると、売上げもだいぶ落ち込みます。

そこでカタネベーカリーは、思いきって夏休みをとっています。眉間にしわを寄せながら売れない夏を過ごすより、ほかの季節に夏の分まで頑張ろうという考えです。私たちだって、暑い日本の夏に「パンを食べたい！」という気持ちにはあまりなりませんから……。

定休日以外に、夏に4週間、お正月に1週間、年間計5週間のお休みがあります。ですから、11ヵ月で1年分の売上げをとる計算になります。でも、やりくりも慣れてくれば何とかなるものです。もちろんその分、あとの11ヵ月はしっかり働かないといけませんけれど。

長いお休みは、小さな個人店だからできることのひとつですね。パンを使っていただいているレストランの皆さんには申し訳ないですが……。はじめの何年かは、お客さまからも「えっ、そんなに休むの!?」と驚かれていましたが、いまでは「今年はどこに行くの？」「ゆっくり休んでね。新商品楽しみにしているよ！」と言っていただけるようになりました。スタッフにとっても、こんな長い休みがとれる機会はあまりないので、旅行をしたり、ほかのお店に研修に行ったりして、なかなか充実したお休みを過ごしています。

この数年は、お店の休みの間に二番手のスタッフが中心となって、期間限定のパン屋を開いています。普段は私の夫がいて、その指示のもとに動いているスタッフが、自分たちだけでどれだけパンを作れるか、力試しのチャンスでもあります。この企画は毎年続けています。どうなることかと心配もあ

ります が、1年に一度くらいそんな機会があってもいいかなと思っています。もちろん名前も看板も替えて、カタネベーカリーとは違います！　と言って営業してもらうのですが……。

夏休みは家族でフランスに行っています。フランスのパンを仕事にしているからには、いまの現地の空気というか、雰囲気を知っていた方がいいなと思って、毎回フランスにしています（というのは言いわけで、ただフランスが好きなだけなんですけど）。最初のころ、夫はそんなに休んだらパンが作れなくなるかも!?　と心配していましたが、いざ行ってみれば誰よりものんびり過ごしています。普段の仕事の工程をじっくり練り直したりするほか、新商品のアイディアもほとんどここで生まれていますし、パンの味については毎年の旅行がなかったら現在の味はないと思います。クロワッサンやカンパーニュは特に、です。

私もフランスで見たもの、食べたものからヒントを得て、カフェで新しいお料理を作ったりしています。基本的に現地でも自炊なので、マルシェで材料を買ったり、それを料理したりすることがとても勉強になります。やはり食文化の豊かな国ですので、おいしいものがたくさん。地方ごとの特色もあります。

「夏休みまでもう少し、頑張って働こう！」という気持ちになるのもメリットのひとつ。以前、フランスから帰るときに「あー、休みが終わっちゃうな」とぼやいていたら、滞在先のアパートのマダムに「仕事があるから休みが楽しいのよ！」と諭されたことがありました。確かに、毎日が休みで時間がいっぱいあったら、どこへも行かず、何もしないかもしれませんね。（トモコ）

夏休みから生まれたクイニーアマン

カタネベーカリーのクイニーアマンはご希望があれば半分にカットして販売するぐらい大きいです。オープン当時から作っていたのですが、2007年の夏休みに訪れたブルターニュで食べてから味もサイズも変更しました。本場のクイニーアマンは大きくて軽くてさくっとしてじゅわっ。それに近づきたくてこうなりました。自分たちがおいしいものを食べていれば作るものもおいしくなる、単純ですがそう考えています。夏休みの経験から生まれたり変わったりするパンやお菓子は多いのです。（トモコ）

クイニーアマン

ブルターニュは海塩の産地。有塩発酵バターときび砂糖を折り込んだクロワッサン生地を薄く延ばし、グラニュー糖とバターを敷いた型で焼きます。生地からしあわせな香りがあふれます。直径16㎝。

ファーブルトン

これもブルターニュの地方菓子。2004年の旅で食べ、郷土料理の本を参考に作り始めました。主材料は牛乳と卵と小麦粉と砂糖。焼いてもちっとさせた生地の中にワイン漬けのプルーンが入っています。

リンゴのクイニーアマン

紅玉の季節限定のクイニーアマン。皮ごとスライスした紅玉にバターとグラニュー糖を加えて火を入れ、カルバドスで香りづけ。ほんのりピンクで甘酸っぱいリンゴと塩気のきいた生地が後を引きます。

コルシカ

2014年に滞在したコルシカ島で出会った素朴な焼き菓子。ほんとうはカニストレリという名前。生地は小麦粉と砂糖、ほんの少しのベーキングパウダー、白ワインで練ります。

早起きカフェの
パンレシピ

朝７時30分オープンのカタネカフェの人気メニューは「パリの朝食セット」です。パリのプチホテルの朝食をイメージしてお出ししているのですが、カタネベーカリーの基本の４つのパンをたっぷりそしてシンプルに楽しめるセットにもなっています。バゲット、クロワッサン、ブリオッシュは焼きたての香りとともに。そして焼いて1、2日目の、味が落ち着いて食べどきのパンオルヴァン（またはカンパーニュビオ）をひと切れ。

他にもパンを使ったメニューがいくつかあり、この本の最後にそのレシピをご紹介したいと思います。ご家庭でパンを召し上がる時の参考になれば幸いです。（トモコ）

Marc Chagall

パリの朝食セット

「パリの朝食セット」のブリオッシュはちょっと焼いてお出しししています。トーストすると生地に含まれるバターが溶け、焼けたところがかりっとする、それがおいしいと思うので。バゲットはバターやジャムを塗りやすいよう縦に切っていますが、輪切りとは違う食感も楽しんでいただけたらと思います。

クロワッサンはパンオショコラに変えることができます。新鮮で冷たい無塩発酵バター、自家製の季節のジャム、温かい飲み物、そして小さなグラスの季節の柑橘のフレッシュジュースもついています。

トースト

●材料（1人分）
食パン（パンドレ）　4枚切り1枚
発酵バター・ジャム　各適量

●作り方
①食パンに十字の切れ目を入れる。
②できるだけトースターの火力を強くして❶を一気に焼き、表面をこんがりさせる。
③バターとジャムを添える。

●カフェで使っているのは家庭用のオーブントースター。パンの水分が飛ばないよう、いちばん強い火力で一気に焼きますが、それだけに焦げやすい。おいしそうな焼き色にするのは真剣勝負、「トーストは料理だ」と思います。家では魚焼きの網やフライパンで焼くこともあり、違った香ばしさでおすすめです。パンには少し塩が入っているので、バターは無塩タイプ。コクのある発酵バターです。旬のジャムで季節感を添えます。

シナモントースト

4枚切りの食パンをトーストと同じように焼き、バターをしっかり塗って皿に載せ、シナモンシュガーをたっぷり振ります。シナモンシュガーはグラニュー糖100g にシナモンパウダー10gの割合で混ぜたもの。

パンペルデュ

●材料（2人分）
フランスパン　4切れ（厚さ4㎝の斜め切り）
卵　1個
グラニュー糖　30g
牛乳　150cc
発酵バター・メイプルシュガー　各適量

●作り方
①卵液を作る。ボウルに卵とグラニュー糖を入れてよく混ぜ合わせ、牛乳を加える。
②❶を火にかけて人肌に温め、フランスパンを浸してしみ込ませる。
③フライパンにバターを入れて中火で熱し、❷を入れて両面にこんがり焼き色をつける。
④ 150℃くらいに温めたオーブンに❸を入れ、3、4 分火を通す。
⑤皿に盛り、メイプルシュガーを添える。

●パンペルデュを直訳すると「失われたパン」。硬くなったパンを使うのでついた名前ですが、焼きたてより卵液を吸いやすい。むだなくおいしく、なんです。卵液を温めるのはパンに浸透しやすいように。しっかり焼くと味がしまります。食パンとはちょっと違う食感が楽しい。カフェではトッピングはメイプルシュガー、シナモンシュガー、ハチミツ、ジャム、チョコレートの５種類から選べます。

クロックムッシュ

●材料（1人分）
食パン（パンアングレ）　8枚切り2枚
もも肉のハム・発酵バター・ベシャメルソース（125ページ参照）・グリエールチーズ（チーズおろしで削る）　各適量

●作り方
①バターは室温に戻して塗れる程度に柔らかくしておく。
②食パン2枚に❶を塗ってハムをはさみ、上にベシャメルソースを塗って、表面が埋まるようにグリエールチーズを薄く載せる。
③温めておいたオーブントースターに❷を入れ、中まで火が通り、上面に少し焼き色がつくぐらいに焼く。

●クロックは「さくさく、かりっ」といった意味。パンの耳がかりっとして、チーズがとろっとするよう、店のトースターではまず上下の中強火、仕上げに上火だけの強火で焼きます。

クロックマダム

クロックムッシュに目玉焼きを載せるだけ。ポイントは卵の焼き加減です。フライパンにグレープシードオイルをひいて熱し、卵を割って蓋をして1分から1分半、強めの中火で一気に焼きます。白身は固まり、ふちはかりっ、黄身はとろっ。ソース代わりに。

ピザトースト

●材料（1人分）
食パン（パンアングレ）　4枚切り1枚
紫玉ネギ・オリーブ・切り落としベーコン・プチトマト・トマトソース（125ページ参照）・ゴーダチーズ　各適量

●作り方
①紫玉ネギは薄くスライスして水にさらし、水を切る。オリーブはあれば黒と緑1個ずつ薄切り。ベーコンは薄切り。プチトマトは3、4等分にくし形切り。
②食パンにトマトソースを塗って❶を載せ、上にゴーダチーズをたっぷりかぶせる。
③温めておいたオーブントースターに❷を入れ、チーズに少し焼き色がつくまで焼く。

●トマトやベーコンは味だけでなく、口に入れた時に存在感があるように、サイズを選んだりカットしたりしています。油分をひかずにトマトソースを直接塗るのは、ソースがパンにしみ込んで一体感が出るように。トースターの温度はクロックムッシュと同じようにまず上下中強火、仕上げに上強火だけで焼きます。

タルティーヌハム

●材料（1人分）
パンオルヴァン（またはカンパーニュビオ）
厚さ1.5㎝ 1、2切れ
もも肉のハム・ベシャメルソース（125ページ参照）・グリエールチーズ・パセリ（みじん切り）
各適量

●作り方
①パンにベシャメルソースを塗り、その上にハムとグリエールチーズを順に載せる。
②温めておいたオーブントースターに❶を入れ中強火で焼く。チーズが溶けるくらいが目安。
③焼き上がりにパセリのみじん切りを散らす。

●タルティーヌはバターやジャムを塗ったり、具を載せたオープンサンドのこと。パンオルヴァン（またはカンパーニュビオ）を使うのはフレンチスタイルで、カタネカフェでは温製・冷製5種類のタルティーヌをお出ししています。これはクロックムッシュと同じ材料。どっしりしたパンオルヴァンやカンパーニュで温かいハムを食べたい方もいるのでは、と思ってお作りしています。溶けたグリエールチーズはコクが増し、ハムとも少し酸味のあるパンともよくあいます。パンは中央の大きいところなら1切れ、端の小さいところなら2切れ、と臨機応変に。

タルティーヌチキン

●材料（2人分）
パンオルヴァン（またはカンパーニュビオ）
厚さ1.5㎝2切れ
鶏胸肉　約200g
ローストオニオン（125ページ参照）　60g
マヨネーズ・ケーパー・粒マスタード・発酵バター・塩・黒胡椒　各適量

●作り方
①鍋にお湯を沸かし鶏肉を入れて20分ほどゆで、ゆで汁に浸したまま冷ます。ゆでるとき、あればニンジンの皮、セロリの葉、ローリエなどを入れる。冷めたら手で細く裂く。
②マヨネーズ・ケーパー・粒マスタードを1：1：1で混ぜ合わせ、マスタードマヨネーズを作る。
③フライパンにバターを入れて中火で熱し、❶とローストオニオンを炒め合わせて塩で味を整える。
④パンを軽くトーストして❷を塗り、❸を載せて黒胡椒をたっぷり挽く。

●タルティーヌのいちばん人気はこのチキン。手間をかけていることが伝わるんだ、と思うとうれしいです。ゆで鶏はヴィエノワサンドにも使いますが、ヴィエノワでは卵やインゲンを引き立てるソースのような役割なのに対し、こちらは肉料理っぽい。パンオルヴァンやカンパーニュとも相性がいいと思います。

タルティーヌツナ

●材料（1人分）
パンオルヴァン（またはカンパーニュビオ）
厚さ1.5cm 1切れ
ツナ（オイル漬け缶詰） 60g
黒胡椒・マヨネーズ・ケーパー・粒マスタード・ベビーリーフ・赤ワインビネガー・グレープシードオイル　各適量

●作り方
①ツナはオイルを切ってかたまりをほぐし、黒胡椒を挽いて軽く混ぜておく。
②マヨネーズ・ケーパー・粒マスタードを1：1：1で混ぜ合わせ、マスタードマヨネーズを作る。
③ベビーリーフをドレッシング（赤ワインビネガーとグレープシードオイルを1：1で混ぜる）で和える。
④パンを軽くトーストして❷を塗り、❶を載せて❸をこんもりと盛る。

●オイル漬けのツナがメインのサラダと、それに添えられたパンがいっしょになったようなタルティーヌ。ざっくりほぐして黒胡椒を挽くだけのツナは食べ応えがあり、マヨネーズと和えたケーパーや粒マスタードも味をはっきりさせています。

タルティーヌ生ハム

●材料（1人分）
パンオルヴァン（またはカンパーニュビオ）
厚さ 1.5㎝ 1切れ
生ハム・マッシュルーム・発酵バター・オリーブオイル　各適量

●作り方
①パンは軽くトーストしてバターを塗る。
②マッシュルームは薄くスライスする。
③❶がまだ熱いうちに生ハムと❷を載せる。
④オリーブオイルを別に添え、好みでかけていただく。

●パンが熱いうちに生ハムを載せるのは、脂が溶けてとろっとするから。薄いけれど濃厚な生ハムには、葉野菜のサラダよりマッシュルームの方が相性がいい。大人っぽいタルティーヌです。生ハムはイタリア・パルマ近郊のプロシュート。オリーブオイルをかけていただくと口当たりがよくなります。

タルティーヌサーモン

●材料（1人分）
パンオルヴァン（またはカンパーニュビオ）
厚さ1.5㎝ 1、2切れ
スモークサーモン・紫玉ネギ・クリームチーズ・サワークリーム・ベビーリーフ・赤ワインビネガー・グレープシードオイル　各適量

●作り方
①紫玉ネギは薄くスライスして水にさらし、水を切る。
②クリームチーズとサワークリームを2：1の割合で混ぜ合わせ、クリームチーズペーストを作る。
③ベビーリーフをドレッシング（赤ワインビネガーとグレープシードオイルを1：1で混ぜる）で和える。
④パンは軽くトーストして❷を塗る。
⑤❹にスモークサーモンと❶を載せ、❸をこんもりと盛る。

●クリームチーズはサワークリームをあわせることで軽やかになるし、パンにも塗りやすくなります。タルティーヌは手でも食べられるようどれもお出しする前にカットしています。野菜やマッシュルームはカットしてから載せたほうがきれいですね。

基本のソースレシピ

ベーカリーのパンやカフェのメニューによく登場するソース類のレシピです。どれもシンプルな味に仕上げ、いろいろ使えるようにしています。時間がかかるものはまとめて作って冷凍保存もできるので、ご家庭でも便利だと思います。店用にはもっと大量に作りますが、作りやすい量で紹介します。

ピザプロヴァンス、ミートパイ、パニーニボロネーズに

トマトソース

①ニンニク（小1/2かけ）、玉ネギ（1/4個）、ニンジン・セロリ（各1/4本）はみじん切りにする。
②鍋にオリーブオイルをひいてニンニクを入れ、中火で炒める。
③❷がきつね色になったら玉ネギ、ニンジン、セロリを炒め合わせ、トマト缶（400g入り2缶）を汁ごと加える。弱火で1時間ほど煮込み、塩で味を整える。

●ミートパイやパニーニボロネーズの具はこのソースで粗挽き牛肉をじっくり煮込んでいます。

カレーパン、キッシュ、タルティーヌチキン、ドレッシングに

ローストオニオン

①玉ネギ（1kg・中玉5個ぐらい）は縦半分に切って薄くスライスする。
②厚手の鍋にグレープシードオイル（約大さじ5）を入れ、❶を中弱火で2、3時間、玉ネギが濃い飴色になって甘くなるまで炒める。

バゲットフランベ、クロックムッシュ、タルティーヌハムに

ベシャメルソース

①厚手の鍋を弱火にかけて発酵バター30gを溶かし、小麦粉30gを加えてこがさないように炒める。
②小麦粉がさらさらしてきたら、別鍋で人肌に温めた牛乳500㎖を一気に入れて、ホイッパーですばやく混ぜながらぐつぐつしてくるまで炊く。
③塩、ナツメグ、ホワイトペッパーで味を整える。

カフェのこと

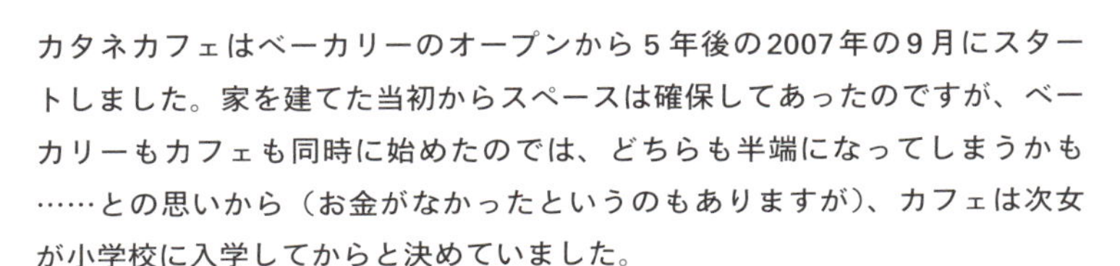

カタネカフェはベーカリーのオープンから5年後の2007年の9月にスタートしました。家を建てた当初からスペースは確保してあったのですが、ベーカリーもカフェも同時に始めたのでは、どちらも半端になってしまうかも……との思いから（お金がなかったというのもありますが）、カフェは次女が小学校に入学してからと決めていました。

予定通り、4月から準備を始めて（保育園の送り迎えがないだけで、ずいぶん時間が自由に使えるようになりました）、夏休み中に内装工事（この年も旅行には行ったので、建築家と写真をメールでやり取りしながらの工事でした）、そして秋に開店することができました。

カフェはベーカリーの地下にありますが、外から入る光と、夫による渾身の緑化計画のおかげで、あまり地下ということを感じさせない造りになっています。時間帯や季節によって光の入り方が違うので、その時々で違った印象になるような気がします。

お店の雰囲気は、自分の中に何となくテーマがあって、朝はパリのプチホテルの朝食室風（たいてい地下にあるんです）。昼は町の食堂的カフェ（賑やかでお腹いっぱいになる感じ）。午後はゆったりしたサロンドテ（本を読んだり手紙を書いたり）。このごろお客さまを見ていると、なかなか思い通りにできているんじゃないかなと自負しています。

カフェをやっていてよかったと思うときは、やっぱりお客さまのおいしい！　という声を聞ける瞬間です。もちろんベーカリーでも、おいしかった！と言っていただくとうれしいですが、カフェはもう少しダイレクトに反応が

返ってくるので、とてもやりがいを感じます。直接言ってもらわなくても、厨房でお客さま同士の声を聞いて、一人でニヤッとしていたりもします。

このごろ、食べ物の力は、思いのほか大きいんじゃないかなと思っています。

おいしいものを食べているとき、いろんな悩みがあってもその瞬間は、ちょっと幸せを感じませんか。

お皿からはみ出すぐらい野菜たっぷりのサラダ、新鮮な卵とバターで作る大きなプレーンオムレツ、季節の食材を使ったフランスの家庭料理。自家製の梅ジュース、プリン、タルティーヌ。カフェでお出しするのは、普通のものばかり。たいしたことはできませんが、みんなが自分の作る料理でほっとしたり、頑張る気持ちになってくれたらうれしいなと思って、お店でも家でも心を込めて料理をしています。週末の朝など、満席のお店を見渡すと、家族連れやカップル、お一人さまも、みなさん満足そうな顔をしているときがあります。ちょっとした幸せな空間を共有できるのも、カフェだからできることかなと思います。そんなとき、私も満足そうな顔になっているんじゃないでしょうか？（たとえシンクに洗い物が山積みになっていても！）

ベーカリーだけのときよりも、お客さまとゆっくり話せるので、パンや料理のことはもちろん、地域の情報や子どものこと、趣味のことなどなど、いろいろなことをお話ししています。朝から夕方まで、本当にいろんなお客さまが来店するので、とても楽しく、いろいろと勉強にもなります。機会があれば、みなさんも話をしに、遊びにきて下さい。残念ながらいつでもゆっくり話せるわけではないけれど、ここでお待ちしています。（トモコ）

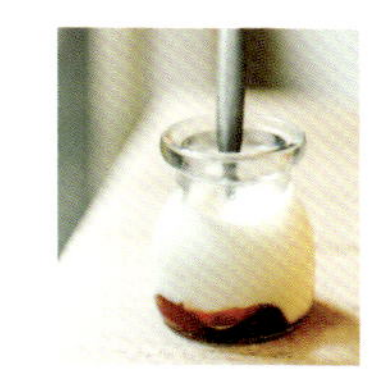

index

この本に出てくるカタネベーカリーのパンやお菓子、カフェメニューの一覧です。
★がついたものは曜日または季節限定商品。すべて2015年10月現在の情報です。

おわりに

最後まで読んでいただきありがとうございます。
楽しい本ができました。

本の最後の文章をいざ書き始めようとすると、
なにを言えばいいんだろう、なかなか言葉になってくれません。

仕事をしていると毎日充実して楽しいな。
僕の頭のなかにあるのは、こんな単純なことだけです。

あとは……

そう、お客さまに受け入れてもらえ、このような本ができたりするのも、
毎日、ただ、目の前のことをしっかりこなしてきた結果だと思います。

パン屋を一生懸命やっているだけなのに、
僕の周りの世界が広がったり繋がったりするのを、日々感じています。

あれもこれもと視野を広げるのではなく、
目の前のことに真剣に取り組んで追求していくスタイルは、
僕にとってなんて居心地がいいんだろう。

そして、こうやって地に足をつけて生活していくことは、
とてもシンプルで素晴らしい!!

パン屋という職業、いつも一緒にいる家族、
そしてカタネベーカリーに関わりのあるすべての人たちに感謝しています。

みなさま、ありがとうございます。

これからも一歩一歩、歩みは遅くとも、
確実に前に進んでいけたらいいなと思っています。

パン屋という仕事はまだまだ発展途上です。
すべてのパン職人に、まだ誰も発見していなかったこと、
できなかったことをやり遂げるチャンスがあります。
もちろんカタネベーカリーもこれからです。

パン屋になってほんとうによかった。

片根大輔

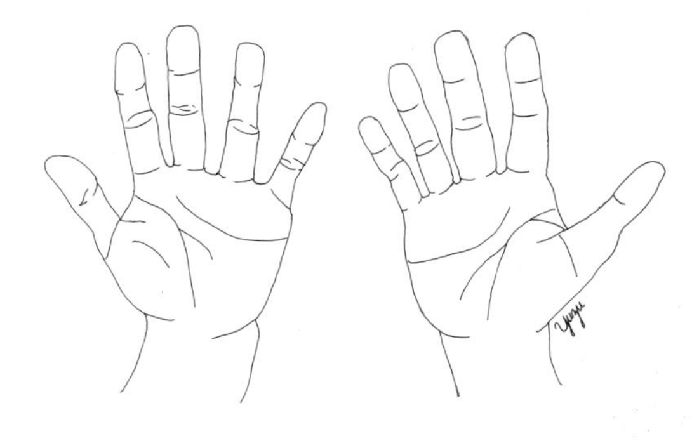

カタネベーカリー
東京都渋谷区西原に店をかまえるパン屋。2002年11月オープン。2007年9月からは地階でカタネカフェも営業。店主夫妻の片根大輔・片根智子はともに1974年、水戸生まれ。
https://www.facebook.com/kataneb

毎日のパン

2015年11月1日　初版第1刷発行

著者　カタネベーカリー

発行者　足立亨
発行所　株式会社アダチプレス
〒151-0064　東京都渋谷区上原2-43-7-102
電話　03-6416-8950
メール　info@adachipress.jp
URL　http://adachipress.jp

印刷・製本　株式会社シナノパブリッシングプレス

●下記のコラムは『B&C』（パンニュース社）掲載の「おいしいパンが焼けました」に加筆・訂正したものです。28-29頁（2012年1-2月号）、54-55頁（同3-4月号）、92-93頁（同5-6月号）、106-107頁（同7-8月号）、126-127頁（2013年1-2月号）。
●本書に記載された情報はすべて2015年10月現在のものです。

写真　加藤新作
題字・イラスト　片根智子
編集　田中真理子
デザイン　阪戸美穂　清沢佳世
校正　鷗来堂

NDC分類番号 596
B6変型判（128㎜×179㎜）総ページ136
ISBN978-4-908251-04-7　Printed in Japan